爱上数学5

·乘法·

U0243036

曾祖母和红柿子

〔韩〕李香晏/著　金庆淑/绘　刘娟/译

云南出版集团　晨光出版社

屋子里摆着一张祭祀用的桌子。

小伙伴们都在数桌子上一共有多少个大枣和栗子。

但是，大枣和栗子的个数实在太多了，大家花了很长时间也没数清楚。

这可怎么办好呢？

不然我们2个、2个的数数看？
2、4、6、8……啊，
全乱套了！

仔细看看，
把9个大枣分为一组的话，
一共能分5组。

那么，
把5个9相加就可以啦，
9+9+9+9+9是……

3

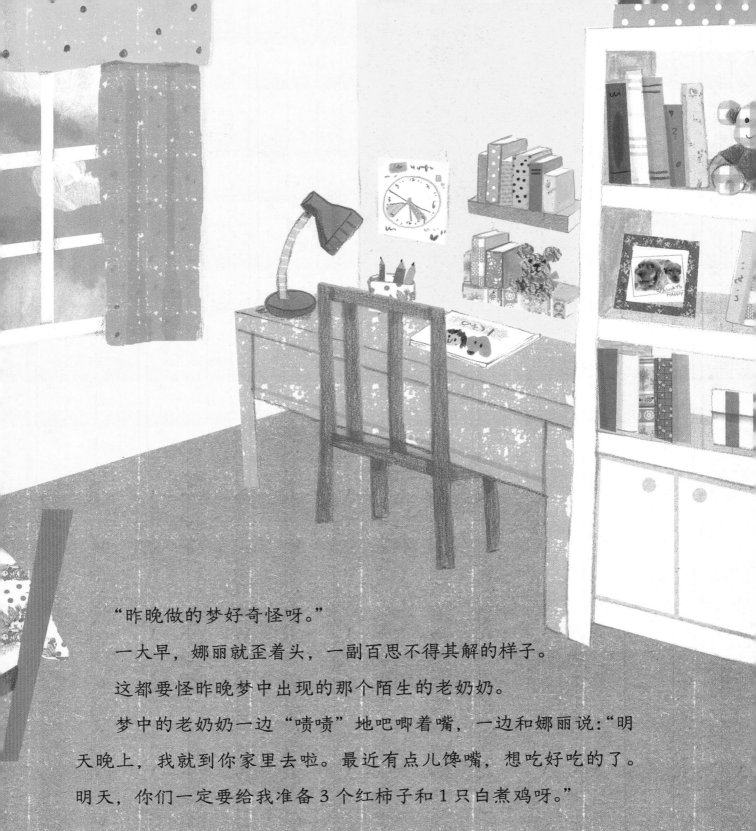

"昨晚做的梦好奇怪呀。"

一大早，娜丽就歪着头，一副百思不得其解的样子。

这都要怪昨晚梦中出现的那个陌生的老奶奶。

梦中的老奶奶一边"啧啧"地吧唧着嘴，一边和娜丽说："明天晚上，我就到你家里去啦。最近有点儿馋嘴，想吃好吃的了。明天，你们一定要给我准备 3 个红柿子和 1 只白煮鸡呀。"

娜丽起床后，跑到妈妈身边，想把这个奇怪的梦告诉妈妈。

但是，妈妈今天好像特别忙。

"今天是你曾祖母的祭日。"妈妈说。

娜丽有点儿没听明白，开口问道："什么是祭日呀？"

"嗯……祭日就是祖先们去世的日子。到了那天，我们要为祖先精心准备各种美食。"

娜丽非常好奇，曾祖母是个怎样的人呢。

"曾祖母就是爸爸的奶奶。她是一个很善良，也很爱开玩笑的老人。"爸爸一边说着，一边从抽屉里拿出了曾祖母的相册。

"天啊，这不就是昨天晚上出现在我梦里的老奶奶嘛！"看到照片，娜丽吓了一大跳。

于是，娜丽把昨天晚上做的梦告诉了爸爸。

爸爸听到后也非常惊讶，"你做的梦很神奇啊！你曾祖母在世时，就很喜欢吃红柿子和鸡肉呢。"

这时，厨房里传来了妈妈的声音。

"娜丽呀，祭祀的水果全都准备好了。你分一分吧，每个祭器放 3 个。"

娜丽连忙跑过去，帮妈妈把水果分好、搬到了餐桌上。

爸爸想考考娜丽，问道："娜丽，现在桌子上一共有几个水果呀？"

"桌子上有 3 个红柿子、3 个苹果，还有 3 个梨。那么所有水果相加，就是 3+3+3，结果是……"

看到娜丽一头雾水，爸爸说道："娜丽，同一个数字多次相加时，使用乘法会更简单。你看，一共有 3 种水果，每种水果有 3 个，用乘法来计算就是 3 乘 3，最后结果是 9。现在明白了吗？"

娜丽似懂非懂地点了点头。

　　现在要怀着对祖先的敬意，把准备好的祭祀食物端到祭桌上了。

　　看到爸爸把装着大枣的祭器慢慢端到祭桌上，妈妈在一旁忍不住提醒道："老公，你要小心点，不要掉下来了！"

　　"知道了，你就放心吧！"

娜丽跟着爸爸不停地跑前跑后，这时她忽然想到了什么。

"再用爸爸刚才教我的办法数一数每种食物有几组，练习一下乘法计算吧。"

"每4个肉饼为一组，一共有2组，
所以是4乘2等于8。肉饼一共是8个！"

4×2=8

"每3个海鲜饼为一组，一共有6组，
所以是3乘6等于18。海鲜饼一共是18个！"

3×6=18

"每5个栗子为一组，一共有7组，
所以是5乘7等于35。栗子一共是35个！"

5×7=35

"每5个大枣为一组，一共有9组，
所以是5乘9等于45。大枣一共是45个！"

5×9=45

不知不觉，夜幕降临。

一阵困意袭来，娜丽都快要睡着了。

"爸爸，我们快点开始祭祀吧！"

"再等等你小叔一家，他们还没来呢。"

听到爸爸的话，娜丽瞬间没了困意。

"小叔叔一家都要来吗？那素熙姐姐也会来吧？"

说话间，欢快的门铃声响了起来。

素熙是娜丽的堂姐，娜丽很喜欢和她一起玩。

很久不见，素熙姐姐的个子又长高了不少。

"哇，我们素熙长高了很多呢！看起来身高都快是娜丽的 2 倍了呀。"

娜丽爸爸打量着她们两人的身高，说道："素熙你今年几岁来着？"

听到娜丽爸爸的问话，素熙回答："我的年龄也是娜丽的 2 倍呢。"

　　听到素熙姐姐的话，娜丽歪着脑袋问爸爸："爸爸，'倍'是什么意思呀？"

　　"'倍'就是跟原数相等的数。一个数的几倍就是那个数乘几。"

　　"原来是这样，我今年是 7 岁，那素熙姐姐就是 14 岁啦。"

　　这时，娜丽的脑子里忽然划过一个疑问："曾祖母年纪有多大了呢？"

祭祀终于开始了。

爸爸和小叔叔点上了香，并开始叩拜行礼。

"曾祖母真的会来我家吗？"娜丽悄悄抬起了头，看着祭桌。

就在这时，她眼前忽然一闪——

曾祖母竟然坐在了祭桌旁边！

"我的天啊，竟然真的和我梦中看到的老奶奶一模一样呢！

看起来，曾祖母应该有一百多岁了吧？"

难道你到现在

这时，娜丽耳边响起了声如洪钟的训斥声。

是曾祖母洪亮的说话声！

娜丽吓了一大跳，"哐"的一声坐到了地上。

但是曾祖母看了看祭桌，火气就慢慢消下去了。

"你们把该准备的都准备好了，还不错。看你这么乖巧可爱，我给你一个提示吧。我的年纪相当于 3 盒鸡蛋的数量之和！你算一算我到底是多大年纪吧！"

我的年龄都不知道吗？

娜丽的小脑瓜飞速运转起来。

"3 盒鸡蛋？那是什么意思呀？"

娜丽忽然想起了白天妈妈买回来的鸡蛋。

"每一盒都有 30 个鸡蛋。那么 3 盒鸡蛋的话……

啊，那就是 30 乘 3！"

"那就是 90 啦！"娜丽不知不觉喊出声来。

"我的天呀！"全家人都吓了一跳，一起盯着娜丽看。

"你说什么 90 了？是不是祭祀时间太晚了，娜丽打了个盹儿，说梦话了呀。"妈妈微笑着说道。

"不是的。每一盒鸡蛋都有 30 个,那乘 3 的话……"
娜丽很认真地向家人解释着。

不过,大家好像对这个话题没什么兴趣。"我们娜
丽小朋友也该吃饭了,快点坐下吧!"

娜丽的肚子正好在这时饿得咕咕叫了起来。

正当娜丽要坐到餐桌前的时候，耳边再次传来曾祖母的声音。

"看着你们一家人和和睦睦在一起的样子，我真的很高兴。"曾祖母脸上带着满足的微笑，冲娜丽挥挥手，接着说道："娜丽呀，下次祭日的时候再见吧。"

娜丽也挥挥手，小声说着："曾祖母，下次祭日，我们一定为您准备更多好吃的！"

让我们跟娜丽一起回顾一下前面的故事吧！

今天是曾祖母的祭日，妈妈早上就在准备好的祭桌上摆了很多好吃的。看到我一个一个地数水果，爸爸告诉我把几个相同的数字相加时，有比单纯相加更简单的办法：可以先数清楚一组有几个，一共有几组，然后用乘法计算。并且，在素熙姐姐的帮助下，我还学会了"倍"这个词，同时也多亏了曾祖母，我把从爸爸那里学会的乘法直接应用了起来。

那么接下来，我们就深入了解下乘法吧。

数学面对面

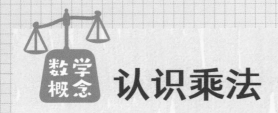

认识乘法

遇到相同的数多次相加的情况，使用乘法计算比使用加法更加简单快捷。在学习乘法之前，我们先来研究一下加法和乘法之间的关系吧。

阿虎想要数清托盘里一共有多少颗洋葱。

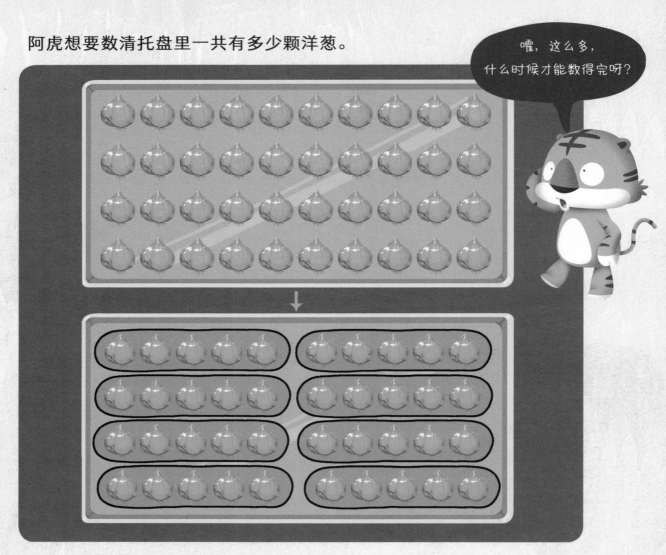

嚯，这么多，什么时候才能数得完呀？

后来阿虎想了一个好办法，他把 5 个洋葱分成一组，一共分了 8 组。

如果用加法来表示的话，就是：5+5+5+5+5+5+5+5=40。

5 个为一组，一共 8 组，可以称之为"5 的 8 倍"，5 的 8 倍是 40。我们使用乘法来表示一下吧。

$$5 × 8 = 40$$

上面的算式，读作"5 乘 8 等于 40"，或读作"5 与 8 的乘积是 40"。接下来让我们通过对鸡蛋分组，来学习乘法算式吧。

把每 4 个鸡蛋分为一组，一共 3 组，可以称之为"4 的 3 倍"，4 的 3 倍是 12。用乘法算式来表示，写作 4×3=12。那么这个算式该怎么读呢？读法有如下两种：

4乘3等于12

或

4与3的乘积是12

每○个为一组，一共☆组，可以用○的☆倍来表示。

下面，我们来研究一下乘法口诀吧。掌握九九乘法口诀后，计算两个数相乘就会变得很简单啦。

×	1	2	3	4	5	6	7	8	9
2	2	4	6	8	10	12	14	16	18
3	3	6	9	12	15	18	21	24	27
4	4	8	12	16	20	24	28	32	36
5	5	10	15	20	25	30	35	40	45
6	6	12	18	24	30	36	42	48	54
7	7	14	21	28	35	42	49	56	63
8	8	16	24	32	40	48	56	64	72
9	9	18	27	36	45	54	63	72	81

在九九乘法表中，将横向和竖向的两个数相乘的结果填写在横和列相交的空格内。乘法表越往右或越向下，数越大。

在九九乘法口诀中，以△为例，每次相乘会以△为基数，乘积成倍变大。

$3 \times 1 = 3$

$5 \times 0 = 0$

在乘法中，还有一些有趣的规则：0 之外的数乘 1，其结果是这个数本身；任何数乘 0，其结果为 0。例如：$3 \times 1 = 3$，$5 \times 0 = 0$。

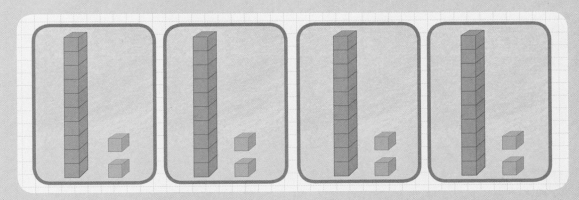

接下来算一下 12×4 吧。就像上图，可以把 12 看成 12 个方块为一组的模型，这样的模型一共有 4 组。其中十位数的模型一共有 4 个，个位数模型一共有 8 个。因此，12×4，最终得出的结果是 48。按照这种模型的思路进行乘法计算，理解起来就会简单一些。

两位数及以上的乘法，可以用竖式来计算，接下来让我们看看竖式计算法吧。

只需要把个位数和十位数分别相乘就可以啦！

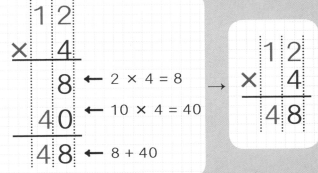

好奇心一刻

九九乘法口诀有哪些特征呢？

观察九九乘法表，就会发现 3 的乘积末位数，由 3、6、9、2、5、8、1、4、7 构成，涵盖了从 1 到 9 的所有数字。与之相同的特点出现在 7 的乘积和 9 的乘积中。特别是 9 的乘积，末位数是 9、8、7、6、5、4、3、2、1，这 9 个数是按照逆序的方式出现的。此外，6 的乘积末位数是 6、2、8、4、0，具有这几个数字反复出现的特点。

生活中的乘法

在日常生活中，经常用"倍"来表示相乘。例如："我带来的书是你的 2 倍。"那么接下来，我们就来看看，生活中乘法是如何被广泛应用的吧。

文学

《西游记》

在中国古典四大名著《西游记》中，太上老君炼丹需要"七七四十九"天，而孙悟空在太上老君的炼丹炉里被烧了"七七四十九"天，非但没有烧成灰，反而炼就了火眼金睛。唐僧师徒四人西天取经，要经历"九九八十一"难才能取回真经。这是因为在中国的佛教和道教文化中，七和九是两个很特殊的数字，所以经常被运用在古典小说中。

自然

昆虫界的大力士——蚂蚁

蚂蚁虽然个头很小，经常被看作动物界的弱者，但实际上它们可是"昆虫界的大力士"。蚂蚁能够搬动比自身重量重数十倍甚至上百倍的东西，这是因为蚂蚁细长的脚爪里长着不一般的肌肉，这些肌肉就像一台高效的发动机，能产生巨大的能量，即使是飞机发动机的效率也比不上它们。

英语

全能型选手

"乘法"用英语表示为 multiplication。此处的多元（multi）有"几个,多个"的意思。在竞技活动中,攻击和防守表现都非常出色的选手,我们常常称之为全能型选手（multi player）。也就是说,一个选手可以出色地做好几个选手的角色。

历史

《九九乘法歌诀》

《九九乘法口诀》还被称为《九九乘法歌诀》,古时的乘法口诀与现在顺序相反,是从"九九八十一"开始的。早在战国时期的《荀子》《管子》《战国策》等书中,就能找到"三九二十七""六六三十六"这样的句子了。

春秋时期,齐桓公专门设立了一个会馆用于招募人才,可是过了很久也没有人应征。一年后终于来了一个人,他进献的见面礼竟然是《九九乘法歌诀》。齐桓公觉得很好笑,这个人解释道:"如果你连我这个进献《九九乘法歌诀》的人都接纳了,还怕更有才能的人不来吗?"齐桓公觉得很有道理,就接纳了他。果然,从这之后会馆就门庭若市了。

 **趣味小游戏 1　相加再相乘**

　　下图中的篮子里，装满了好吃的零食和可爱的玩具娃娃。请小朋友们仔细观察图案，并将对应的加法算式和乘法算式依次画线连接起来。

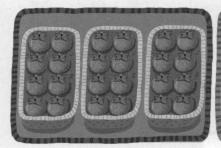 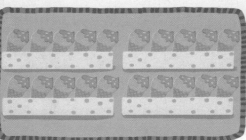 

2 个为一组
一共 5 组
2 + 2 + 2 + 2 + 2

8 个为一组
一共 3 组
8 + 8 + 8

5 个为一组
一共 4 组
5 + 5 + 5 + 5

2 的 5 倍
（2 × 5）

5 的 4 倍
（5 × 4）

8 的 3 倍
（8 × 3）

九九乘法口诀屏风

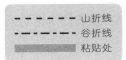

山折线
谷折线
粘贴处

趣味小游戏2

观察九九乘法口诀，在空格处填入正确的数字。填好后沿着实线剪下来，再沿着虚线折叠并粘贴起来，这样就能完成一个漂亮的九九乘法口诀屏风啦！

2 × 1 = 2	3 × 1 = 3	4 × 1 = 4	5 × 1 = 5
2 × 2 = 4	3 × 2 = 6	4 × 2 = 8	5 × 2 = 10
2 × 3 = 6	3 × 3 = 9	4 × 3 = 12	5 × 3 = 15
2 × 4 = 8	3 × 4 = 12	4 × 4 = 16	5 × 4 = □
2 × 5 = □	3 × 5 = 15	4 × 5 = 20	5 × 5 = 25
2 × 6 = 12	3 × 6 = 18	4 × 6 = □	5 × 6 = 30
2 × 7 = 14	3 × 7 = 21	4 × 7 = 28	5 × 7 = 35
2 × 8 = 16	3 × 8 = 24	4 × 8 = 32	5 × 8 = 40
2 × 9 = 18	3 × 9 = □	4 × 9 = 36	5 × 9 = 45

粘贴处

6 × 1 = 6	7 × 1 = 7	8 × 1 = 8	9 × 1 = 9
6 × 2 = 12	7 × 2 = □	8 × 2 = 16	9 × 2 = 18
6 × 3 = 18	7 × 3 = 21	8 × 3 = 24	9 × 3 = 27
6 × 4 = 24	7 × 4 = 28	8 × 4 = 32	9 × 4 = 36
6 × 5 = 30	7 × 5 = 35	8 × 5 = 40	9 × 5 = □
6 × 6 = 36	7 × 6 = 42	8 × 6 = 48	9 × 6 = 54
6 × 7 = □	7 × 7 = 49	8 × 7 = 56	9 × 7 = 63
6 × 8 = 48	7 × 8 = 56	8 × 8 = □	9 × 8 = 72
6 × 9 = 54	7 × 9 = 63	8 × 9 = 72	9 × 9 = 81

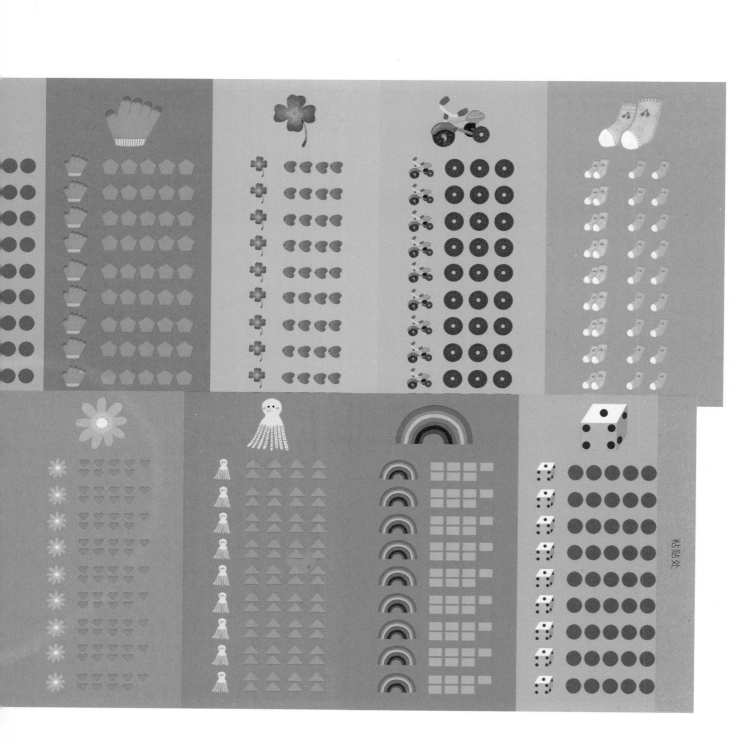

补充句子

你和家人围在桌子边，一起玩乘法游戏。首先解答算数问题，在最下方的数字中找到正确答案后剪下来。将答案翻过来，背面的文字即为屏风空格处的答案。在对应的问题编号处贴上答案，这样就能补充成一句完整的话了。

任意 [粘贴处①] 与 0 的 [粘贴处②] 永 [粘贴处③] 是 [粘贴处④]。

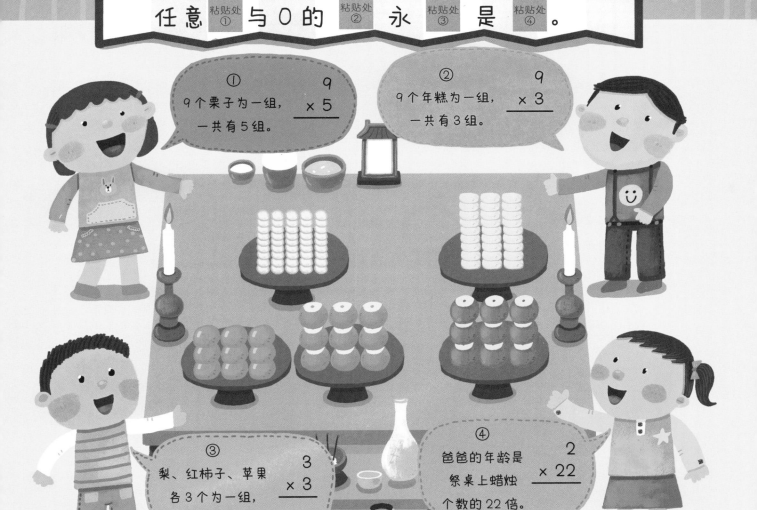

①
9个栗子为一组，
一共有5组。
$$\begin{array}{r} 9 \\ \times 5 \\ \hline \end{array}$$

②
9个年糕为一组，
一共有3组。
$$\begin{array}{r} 9 \\ \times 3 \\ \hline \end{array}$$

③
梨、红柿子、苹果
各3个为一组，
每种水果各3组。
$$\begin{array}{r} 3 \\ \times 3 \\ \hline \end{array}$$

④
爸爸的年龄是
祭桌上蜡烛
个数的22倍。
$$\begin{array}{r} 2 \\ \times 22 \\ \hline \end{array}$$

9	27	44	45

趣味小游戏4 寻找九九乘法口诀

下图中藏着许多九九乘法口诀。仔细阅读如下 3 个小朋友的对话，找出表达正确的九九乘法口诀并用○圈出来。

晾衣绳上挂着 4 双袜子

4 个小朋友出了剪刀

2 辆自行车

自行车中隐藏着
5 的乘法口诀。

🚲 5 × 1 = 5
🚲 5 × 2 = 10
🚲 5 × 3 = 15
🚲 5 × 4 = 20

袜子中隐藏着
2 的乘法口诀。

🧦 2 × 1 = 2
🧦 2 × 2 = 4
🧦 2 × 3 = 6
🧦 2 × 4 = 8

剪刀中隐藏着
4 的乘法口诀。

✌ 4 × 1 = 4
✌ 4 × 2 = 8
✌ 4 × 3 = 12
✌ 4 × 4 = 16

数 ○ 积 远

一起来农场玩

接下来我们要将农场收获的果实，按照种类分别装箱。仔细阅读每个小朋友说的话，按照每个箱子最多可装的个数，找出每种水果相对应的箱子并连接起来。

1个箱子可以装10个草莓。

1个箱子可以装8个苹果。

1个箱子可以装7个橘子。

$8 \times 3 = 24$

$10 \times 4 = 40$

$7 \times 2 = 14$

趣味小游戏6 跟着云朵走

这次，娜丽做了一个找曾祖母玩儿的梦。通过解答下面的乘法题，找出答案慢慢变小的云朵并连起来，沿着这条云朵路线走，就能顺利见到曾祖母啦。

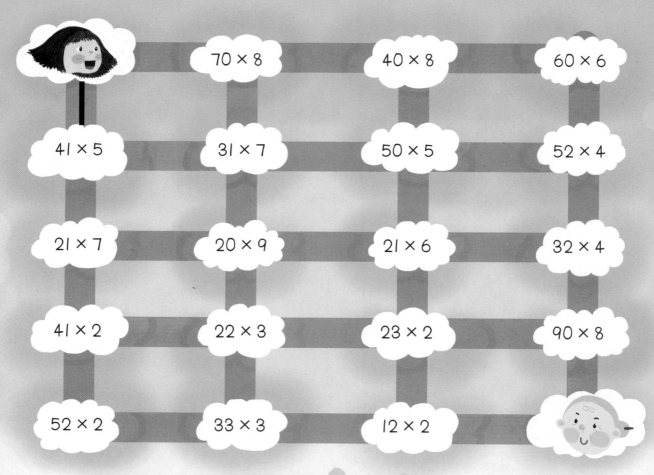

	70 × 8	40 × 8	60 × 6
41 × 5	31 × 7	50 × 5	52 × 4
21 × 7	20 × 9	21 × 6	32 × 4
41 × 2	22 × 3	23 × 2	90 × 8
52 × 2	33 × 3	12 × 2	

妙笔生花文具店

今天阿虎和阿狸一起来到了文具店。请仔细观察货柜上陈列的彩笔和速写本，像阿虎那样出题并写出算式和答案吧。

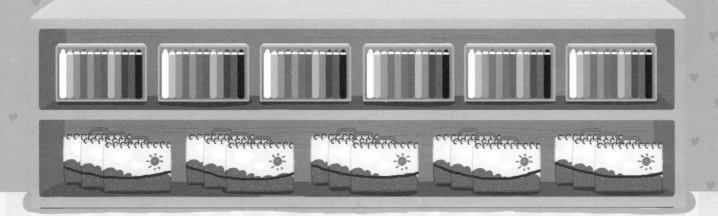

问题：每一个彩笔盒子里都装

着12支彩笔，那么6个彩笔盒

子一共装有几支彩笔呢？

算式：12×6=72（支）

答：盒子一共装有72支彩笔。

问题：一套速写本中

算式：

答：

参考答案

40~41 页

仔细观察屏风背面的图画，九九乘法口诀理解起来就更容易啦！

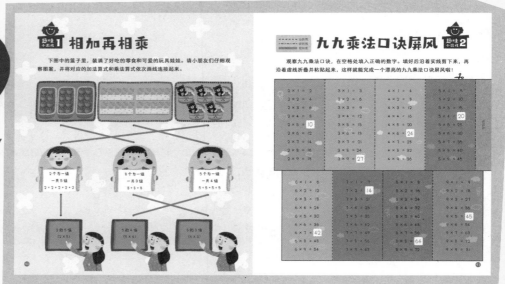

42~43 页

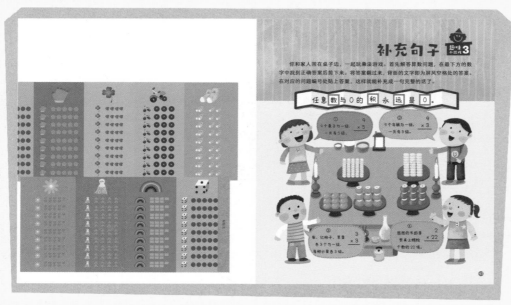